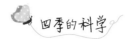
四季的科学

# 春季的 科学

[阿] 瓦莱里娅·埃德尔斯坦 / 文

[阿] 哈维尔·勒布尔森 / 绘

涂小玲 / 译

人民东方出版传媒
People's Oriental Publishing & Media
东方出版社
The Oriental Press

图字：01-2019-2807

Ciencia para pasar la primavera
Copyright © ediciones iamiqué S.A., 2017
Simplified Chinese Copyright © People's Oriental Publishing & Media Co. Ltd.
This Simplified Chinese edition is published by arrangement with ediciones iamiqué S.A.,
through The ChoiceMaker Korea Co.

**图书在版编目（ＣＩＰ）数据**

春季的科学 /（阿根廷）瓦莱里娅·埃德尔斯坦著；（阿根廷）哈维尔·勒布尔森绘；涂小玲译 .— 北京：东方出版社，2019.8
（四季的科学）
书名原文：Science for Spring Months
ISBN 978-7-5207-1042-8

Ⅰ.①春… Ⅱ.①瓦… ②哈… ③涂… Ⅲ.①季节－青少年读物 Ⅳ.① P193-49

中国版本图书馆 CIP 数据核字（2019）第 109258 号

## 春季的科学

（CHUNJI DE KEXUE）

［阿］瓦莱里娅·埃德尔斯坦 / 文
［阿］哈维尔·勒布尔森 / 绘　涂小玲 / 译

策　　划：鲁艳芳　张　琼
责任编辑：黎民子
装帧设计：
出　　版：东方出版社
发　　行：人民东方出版传媒有限公司
地　　址：北京市朝阳区西坝河北里 51 号
邮政编码：100028
印　　刷：北京彩和坊印刷有限公司
版　　次：2019 年 8 月第 1 版
印　　次：2019 年 8 月北京第 1 次印刷
开　　本：889 毫米 x 1092 毫米 1/20
印　　张：2.6
字　　数：85 千字
书　　号：ISBN 978-7-5207-1042-8
定　　价：35.00 元
发行电话：（010）85924663　85924644　85924641

# 欢迎你,

## 春天!

经过一个寒冷灰暗的冬天之后,动物从冬眠中醒来,伸个大大的懒腰,树木重新长出了绿叶,植物绽开鲜花,天气一天天暖和起来。

在这个季节,我们该从衣柜里拿出轻薄的衣服,计划着到户外去散步,观赏蝴蝶和萤火虫,感受新修草坪的芬芳,准备一顿丰盛的野餐。

当然了,也是时候要问你一大堆关于春天的问题啦!你准备好了吗?

一起来玩吧!

# 目录

# 春天什么时候到来?

就算我们在每年的同一天庆祝春天的到来，季节交替的准确时刻也不是由日历决定的，而是由地球围绕太阳旋转的位置决定的。当地球在轨道上旋转的时候，每一年有两个时刻，北极与太阳的距离和南极与太阳的距离是一样的。在这两个叫作"分点"的时刻，阳光平均地照在地球的北半球和南半球上。这样，这一天在地球上所有的地方，白天和黑夜都是差不多一样长的。这两个时刻一个在3月，一个在9月。3月21日和22日之间是北半球的春分、南半球的秋分；9月22日和23日之间，是南半球的春分和北半球的秋分。

不过，一般大家都不管这些天文学上的事。北半球的很多国家在3月21日庆祝春天的到来，而南半球的人们在9月21日迎接春天。

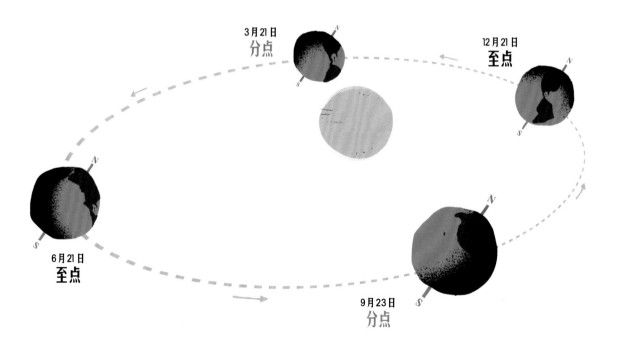

3月21日
分点

12月21日
至点

6月21日
至点

9月23日
分点

# 为什么叫分点？

　　"分点"这个词在欧洲语言里最初的意思就是"黑夜和白天相等"。另外，如果你在春分或秋分这一天站在地球赤道上，会发现太阳到达了天顶，也就是天空中最高的位置，就在你的脑袋顶上！

**趣闻**

　　古巴比伦人和古罗马人把春分日当成一年的开始。其实，1月1日庆祝新年，从 1582 年才开始，并没有很长的历史。在此之前，很多民族都在其他的日子庆祝新年，有一些直到今天也是如此。

# 所有地方都过春天吗？

**在**热带，也就是赤道两侧的地带，全年平均气温超过 18℃，即使在最冷的月份里也基本上不会结冰。在那里，大衣永远压在箱子最底下！所以在那个地区没有春天，也没有其他三个季节。那里一年只分成两季：几乎不下雨的**旱季**和几乎天天下雨的**雨季**。甚至可以同时过这两个季节：热带丛林太大了，有可能丛林的这一部分正值旱季，而另一部分却是雨季。

在两极地区同样不存在春天。3月份北极开始过夏天，六个月太阳都不落山；同时，南极则进入了漫长的冬夜。然后，到了9月，太阳开始照耀南极，南极的夏天开始了，而北极却变得又黑又冷……就这样六个月一轮换。

## 太阳从哪里升起？

你肯定知道太阳"东升西落"的说法。其实太阳"东升西落"只会在春分和秋分的时候发生（南北极春分和秋分也不会这样，因为那里那个时候太阳既不升起也不落下）。在一年的其他时候，太阳升起和落下的位置都会有些偏移：在南半球，秋季和冬季会往北偏一点儿，春季和夏季则会往南偏一点儿。如果你住在北半球，就会发现完全相反的现象：春夏往北偏，秋冬往南偏。

译者注：
①这里提到的春天是从气象学角度判定的季节变化，比如根据平均气温确定春天的开始。

### 趣闻

联合国气候变化政府间专家委员会（IPCC）称，由于气候变化，春天开始的日子每年都在变：数据表明，从 50 年前开始，每 10 年春天就提前 2 天开始。[①]

# 太阳系的其他行星上
# 也有春天吗?

地球上存在四季,是因为地轴(你可以把地轴想象成穿过南北极的一根棍子)是倾斜的,而且在它围着太阳转的过程中,一直保持不变的倾斜角度。这样一来,在一年当中,阳光就不是平均照耀和温暖南北两个半球了。太阳系里的其他行星在围绕太阳旋转的时候,都保持着一个固定的轴线角度,这个角度就决定了行星上的四季是什么样的。

水星、金星和木星的倾斜角度非常小,因此那里也不存在什么四季。火星、土星和海王星的轴线都足够倾斜来形成分明的四季,不过也只有火星算是比较靠近太阳的,土星和海王星离太阳太远了,温度和光照变化都很小。

天王星的自转轴倾角非常大,几乎都横过来了,而且要花很长时间才会转一圈,所以在它的两极,有着持续 42 年的冬天和 42 年的夏天!

## 趣闻

几年前，哈勃太空望远镜观测到了海王星亮度的变化。在和多年前的照片比对之后，天文学家发现海王星的亮度在不断增加，由此得出结论：40年来，海王星的季节发生了变化，海王星的春天来了！

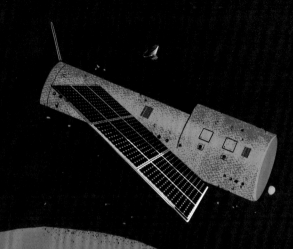

## 火星轶事

这颗红色的行星和地球一样也有四季，不过非常的不同。在不同的半球上，季节持续的时间不同、情形也不同。比如，在火星北半球，春天是一年中最长的季节，夏天很冷（气温不超过零下20℃）；而在南半球，春天是最短的季节，夏天会更热。

# 植物怎么知道春天来了？

**别**看植物一动不动地站在那里，它们可有办法分辨环境条件的变化，感知到各种刺激，比如温度和湿度的变化，水分过少还是过多以及土壤里的营养，等等。此外，光线还可以激活它们体内的感受器，运行它们的"生物钟"，使它们能够确定白天的长短。有了这些信息，植物就算没有日历在手，也能知道现在身处一年中的哪个时节了。

那植物知道了这些信息会干什么呢？它们可以——比方说开花！当植物感知到各种条件适合的时候，它们的叶子就开始产生一种物质，这种物质传递到枝芽的尖端，激活了花的"制造程序"。比方说春天和夏天的康乃馨，就会在白天长黑夜短的日子开放，所以在一些地方康乃馨也被叫作"长日花"。

## 奇妙的反应

受到某些刺激的时候，许多植物会发生微小的移动，这被称作**"向性"**。如果它像向日葵一样跟着光线移动，就叫作**"正向光性"**；如果是躲着光线移动，就叫作**"负向光性"**。如果它的根向着接近水的方向生长，就称为**"向水性"**。如果对接触产生反应，我们就说它们具有**"向触性"**。最有名的具有"向触性"的植物就是含羞草，它的叶子会在动物摩擦到它的时候迅速合拢起来。

 **趣闻**

研究植物（以及几乎所有生物）体内生物钟的科学叫作生物钟学（Chronobiology）。这个单词的前半部分 Chrono，来源于 Chronos，是古希腊神话中时间之神的名字。这真是一个命名时间最好的名字呀！

# 植物为什么要开花?

你可能会有些惊讶,植物能够如此繁盛,成为我们地球上数量最多的一类物种,靠的就是花。绝大多数植物繁衍的第一步是**授粉**,即花粉,从一朵花转移到另一朵。由于植物本身没办法传递花粉,它们需要别人来帮忙,可能是风,是水,或者是动物。

花可以吸引黄蜂、蜜蜂、蚂蚁、苍蝇、蜂鸟甚至是蝙蝠,因为花可以给它们提供食物或者是藏身处。当一个**授粉者**靠近或者停留在花上的时候,一些微小的花粉颗粒就会粘在它身上。接下来它去访问另一朵花的时候,一部分花粉会脱落下来。就这样,这只小动物转来转去,不知不觉就把花粉从一朵花传递到了另一朵花。

授粉之后,花就会发生变化,产生果实。果实把种子保护在它的内部,当遇到合适的时间和条件,种子就会发芽。这样,同种类的一棵新的植物就诞生了。

# 和我一样！

　　也许你见过有人剪下一截带叶子的枝条并把它插进水里，等枝条长出根来，又可以把它种进土里。过一段时间，枝条活下来，成为了一棵新的植物。这种繁殖方法，用不到种子，也能长成一株和原来一模一样的植物。

## 🔍 趣闻

　　如果一颗种子在合适的条件下没有发芽，我们就说它"休眠"了。世界上休眠时间最长、且还发芽了的种子，是在中国发现的一颗莲子，它休眠了1300年！

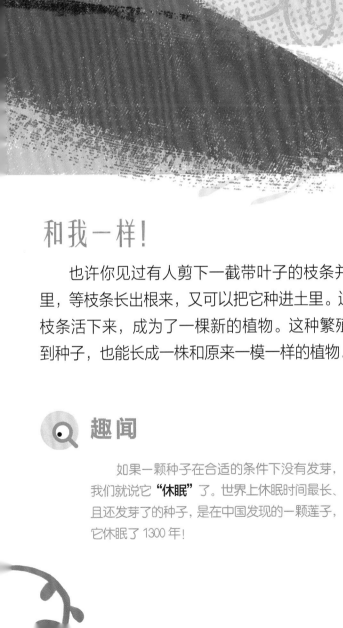

# 植物为什么是绿色的?

我们这颗星球的生命大约起源于 40 亿年前的海洋中。又过了差不多 5 亿年,在一些有机体中出现了叶绿素,这是一种非常重要的绿色色素。为什么重要呢?因为有了叶绿素,这些有机体就可以开始利用阳光,从水和二氧化碳中制造糖,为自身提供养分用来生长。同时在这个叫作"光合作用"的过程中,它们释放氧气到大气层中。

当时,生活在陆地上的褐藻和红藻无法适应有氧气的大气,只能退到湖泊和海洋的水底生存到今天。而拥有叶绿素的绿藻有能力在地表生存,它们就是今天各种陆地植物的祖先。后来,在之后的亿万年中,渐渐出现了绿色的森林、绿色的草原和绿色的花园。

# 替代能源

　　并不是所有植物都拥有叶绿素，有很多植物的叶绿素很少甚至没有。因为不能进行光合作用，它们只能用其他方法来养活自己。它们中的大部分寄生在其他植物或者真菌上，从它们身上获取营养。还有一些食肉植物，采取了不同的策略：如果有小虫子停在它们像夹子一样的叶子上，叶子立马关闭，"啊呜"一口就把虫子当午餐啦！

## 趣闻

　　你听说过绿叶海天牛吗？这种海里的鼻涕虫在 2010 年出名了，因为它是第一种被证实可以进行光合作用的动物！怎么实现的呢？原来，它能够"偷走"在它出生头几个月内吃掉的藻类植物体内的叶绿体（即存放叶绿素的细胞器）。

# 新剪的草坪是什么味儿?

**新** 剪的草坪有一股独特的气味。不过，尽管你觉得它很好闻，但还是得知道，这股气味实际上是植物在尖叫着发出求救信号呢。当一棵植物被昆虫或者它的幼虫攻击的时候，就会释放出一种物质，叫作**"绿叶挥发物"**（GLV）。这种物质可以起到双重的防御作用：驱赶攻击者，以及召唤这些昆虫的天敌来捕食它们——这样这些虫子就没法继续伤害植物啦!

如果只剪断少数几片叶子，绿叶挥发物的释放量会非常少。但是，如果对植物的伤害很大，比如给树木修剪枝干或者修剪整个公园的草坪，这种物质会大量释放，你很容易就会闻到这种独特的气味了。

# 大家小心!

当棉豆遭到甲虫攻击时,会生成一种花蜜,一方面驱赶进攻者,另一方面吸引一些能够吃掉甲虫的蚂蚁。同时,它也会释放绿叶挥发物,提醒周边的植物,让它们在受到攻击之前就快快生产出那种保护性的花蜜。

## 趣闻

你有没有发现足球场上的草皮是深一条浅一条颜色相间的?要想达到这种效果,需要在割草机上装一个辊子,割草机一边前进,辊子就把草叶子弯折到一边。修剪第一行的时候,把草叶子往这边折;修剪第二行的时候,再把草叶子往另一边折,一行一行交替进行……阳光照在每一行上,以不同角度反射,看上去就出现深一行浅一行的效果了。

# 为什么蚂蚁排队走?

**除**非你去世界上唯一没有人长住的南极,否则你的春天野餐总会有蚂蚁来光顾。但是它们是怎么跑过来的呢?没有地图、没有导航软件,它们是怎么知道哪里有大餐的呢?

蚂蚁是一种社会性的昆虫,它们一起居住在巨大的社区里,它们的组织方式令人惊叹。根据它们分派的任务,有的蚂蚁专门负责探索。它们从蚁巢出来单独行动,在地上四处查看,寻找食物。如果它们中有一只发现了你野餐食品的残渣,就会跑回窝里去通知那些负责食物采集的蚂蚁。同时,它也会把食物和蚁巢之间的路线完美地标示出来,就像童话《糖果屋》里韩塞尔和格雷特兄妹,用白色的小石子、面包屑标记回家的路。不过,探索者蚂蚁用的不是面包屑,而是费洛蒙,这是一种采集者蚂蚁可以认得出来的化学物质。顺着这个气味线索,采集者蚂蚁便能排着队,直奔你的野餐垫而来。

🔍 **趣闻**

在计算机科学中有一种**"蚁群算法"**,这是一种数学模型,模拟一群蚂蚁寻找最佳路线以及其他东西的行为方式。

# 实验时间

　　如果你试着用一块橡皮或一块蘸了酒精的棉球，在一队蚂蚁的行进路线上擦几下，你会发现蚂蚁走到气味线索中断的地方就迷失了方向，队伍完全被打乱了。不过你别担心，如果你擦的范围不是很大，它们很快就会找到继续前进的方向。甚至经过一段时间，它们还会把丢失的路线重新补上，就像修补一座桥一样。

# 蜂鸟是怎么让自己停在空中的?

**你**见过蜂鸟吗? 它是一种非常漂亮、小巧精致而又优雅的鸟儿,它也是春天的标志! 蜂鸟还是飞行专家:它可以头朝下飞并且进退自如。最厉害的是,它吃花蜜的时候能够悬停在空中维持同一位置不动。做到这一点可不容易,这要求蜂鸟 1 秒钟要扇动翅膀超过 200 次! 为此,它的小心脏需要极快地推动血液流动,1 分钟要跳 1200 多次,这可是动物世界的绝对纪录。而且,为了避免被气流吹跑,它还要随时改变翅膀扇动的速度、调整尾巴的位置。所有的这一切都需要消耗极大的能量,所以蜂鸟需要一刻不停地吃。蜂鸟除了吃含糖很多的花蜜之外,还会吃小昆虫或者小蜘蛛。

## 该休息了

夜晚到来，为了能休息一下，蜂鸟进入了一种"蛰伏"状态，类似假死。此时它的体温会急剧下降，新陈代谢也会减慢许多。只有这样，它才不会在蛰伏之后真的死掉。

### 🔍 趣闻

很长时间以来，人们喜欢用蜂鸟美丽的羽毛来装饰帽子。结果，这种美丽的鸟儿差点在滥捕滥杀中灭绝。幸好，一家保护协会于 1900 年成立，先在美国，后来又在欧洲推动立法，保护了蜂鸟。

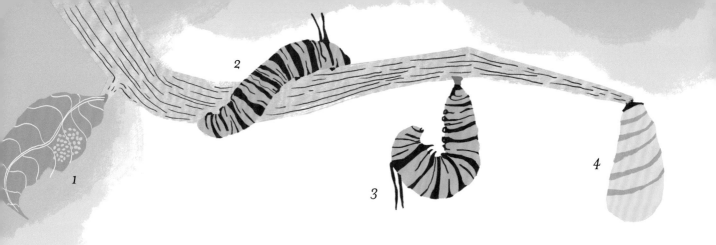

# 蝴蝶从哪里出来的？

**春**天到来，天气变暖，蝴蝶开始在公园树丛、花园或者阳台绿植间飞舞。如果你仔细观察植物的叶子，会发现蝴蝶妈妈产下的微小的卵。如果条件适合，卵又没有被吃掉，卵里就会钻出来——不是小蝴蝶，而是贪吃的毛毛虫。毛毛虫从一出生就开始吃，吃树叶，吃小昆虫，甚至吃木头。等毛毛虫长得足够大，发育得足够成熟之后，就会用一根丝挂在枝条上，然后把自己裹进一个茧里。在茧里，毛毛虫的身体会发生一系列令人难以置信的变化。在这个被称为"变态"的过程中，一只在树叶上爬行的胖胖的肉虫子变成了一只美丽的蝴蝶成虫。几个小时之后，蝴蝶就会起飞去寻找它的伴侣，新的循环又开始了。

# 好眼力，玛丽亚！

1699 年，博物学家和昆虫学家玛丽亚·西比拉·梅里安去苏里南研究奇怪的动物变形现象。回来的时候，她带了一大堆毛毛虫、蚯蚓、甲虫、蜜蜂、蝴蝶和苍蝇的标本和插画。用这些资料，她首次对所有结茧的昆虫进行分类，也成为了第一个用图画描绘出从毛毛虫到蝴蝶变化全过程的人。这些全记录在她那部精美的著作《毛虫奇妙的蜕变与特殊的花卉食物》里。今天，她所画的植物、蛇、蜘蛛、蜥蜴和昆虫都被人们当成了艺术品。

## 🔍 趣闻

有些种类的蝴蝶翅膀的鳞片上除了色素，还有一些微小的规则晶体，它们能够像透镜一样折射阳光，呈现出极其美丽的蓝色和绿色。

# 为什么春天会有那么多过敏？

**当**一个病毒、细菌或者其他奇怪的东西企图进入你身体的时候，你的免疫系统就要忙着来保护你了。但是，有的时候系统也会出错，错误地识别了信号，把一个无害的东西当成威胁，做出过度反应。这样，尽管并无必要，但你的防御系统却已经启动了，生产出了一些物质来攻击假想出来的入侵者。这些化学物质就是导致你过敏的东西。

那些可能引发这种过度反应的东西叫作过敏原。你可能对灰尘、某种食物、某种药、霉菌等东西过敏，这个过敏原的单子还可以列得更长！有些过敏原，比如一些粘在猫毛上的东西，一年四季到处都有。但是也有一些会在特定的时候出现，比如花粉，会在春风中大量飘舞。所以，如果你发现你在开花时节眼睛刺痛、喉咙痒痒、打喷嚏、流眼泪……祝贺你！你可能就是众多花粉过敏患者中的一员。

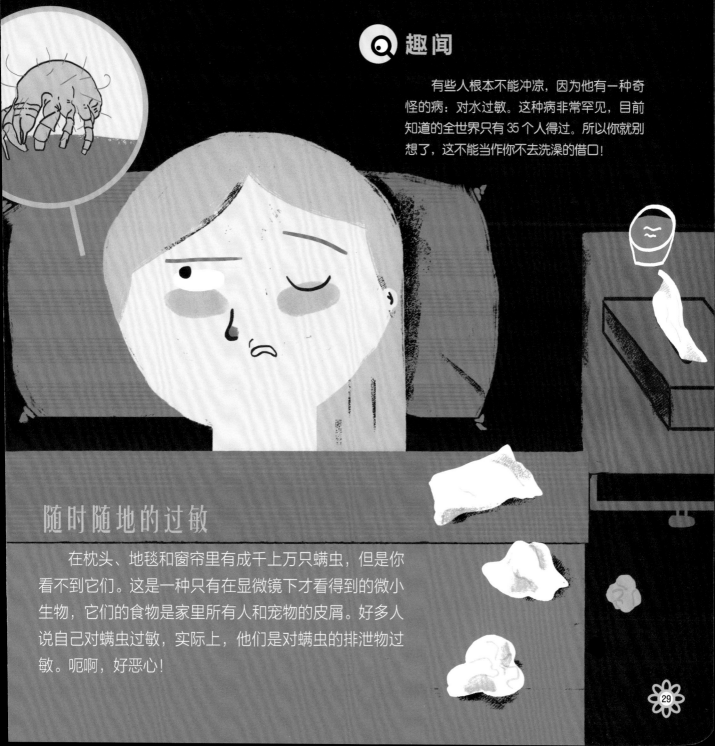

有些人根本不能冲凉，因为他有一种奇怪的病：对水过敏。这种病非常罕见，目前知道的全世界只有 35 个人得过。所以你就别想了，这不能当作你不去洗澡的借口！

## 随时随地的过敏

在枕头、地毯和窗帘里有成千上万只螨虫，但是你看不到它们。这是一种只有在显微镜下才看得到的微小生物，它们的食物是家里所有人和宠物的皮屑。好多人说自己对螨虫过敏，实际上，他们是对螨虫的排泄物过敏。呃啊，好恶心！

# 为什么很多人到了春天会全身发痒？

当你的身体启动对抗入侵者的防御系统时，会制造出**抗体**，用来对抗感染。有些抗体会释放出一种化学物质，叫作组胺，它对于保护你不受侵害是非常重要的。组胺保护你，但是也会引发一些你不喜欢的效果：打喷嚏、流鼻涕、流眼泪、嗓子疼、充血，还有就是皮肤瘙痒。

现在你知道了，如果你过敏，当过敏原出现的时候，你的身体也会释放出组胺。到了春天，你很容易接触到过敏原：坐在草地上，被虫子叮咬，在太阳底下晒的时间过长……

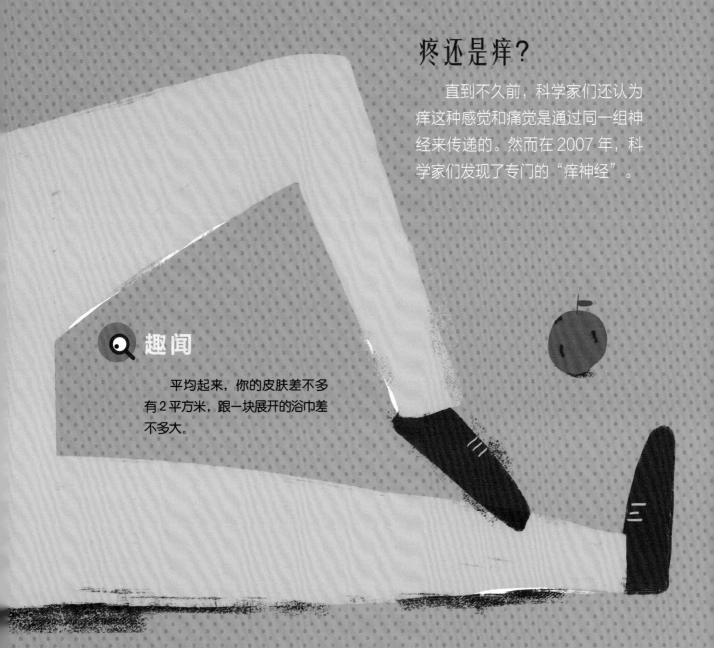

# 疼还是痒？

直到不久前，科学家们还认为痒这种感觉和痛觉是通过同一组神经来传递的。然而在 2007 年，科学家们发现了专门的"痒神经"。

## 趣闻

平均起来，你的皮肤差不多有 2 平方米，跟一块展开的浴巾差不多大。

# 春天如何影响你的情绪？

和植物以及其他很多生物一样，你的体内也有一座时钟，让你大致知道现在是一天中的什么时辰、在一年中的什么时节，它叫作"生物钟"。这个词在拉丁语里的意思是"差不多一天"，因为它是以 24 小时为周期、和阳光同步的。春天到来的时候，这个时钟感受到白天越来越长，于是就启动了一系列的机制来结束冬天的蛰伏状态。

到底是什么样的机制呢？目前还不知道具体的过程，不过科学家相信阳光作用在你的某一部分大脑区域，激发了一些化学物质的分泌，这些物质让你觉得快乐，精力充沛，想要出门走走，去和朋友们在一起。显然，不只是你会这样，就像俗话说的，"春天到，心情好"。

# 什么是倒时差？

当你坐飞机从东往西或者从西往东旅行的时候，因为你穿越了多个时区，你要把钟表调到当地时间。这个时间经常会和你原来的时间相差好多，可是你体内的生物钟却没这么容易调过来……所以，很可能下午6点你就困得不行了，或者凌晨2点你还精神饱满。这种身体上的不适过几天就会自己消失，这就是所谓的"倒时差"。

## 🔍 趣闻

直到19世纪还不存在我们现在的时区概念，当时世界各个城市自行决定各自的时间。20世纪初，各国确定了一个统一协调的时间规范。尼泊尔是最后一个加入的国家，直到1986年才和世界时间同步！

# 春天是恋爱的季节吗？

当 TA 经过你身边的时候，你总是心跳加快，小鹿乱撞？TA 和你说话的时候，你总是手心冒汗？你日日夜夜总是想着 TA？诊断很明确啦：你恋爱了。

这些如同过山车一般的情绪起伏，来源于大脑释放到全身的一大堆化学物质。你和你喜欢的人在一起的时候，首先出现的物质是**苯乙胺**。接下来开始了一系列的反应，又产生了其他物质，这些恰恰就是春天到来时身体会释放出来的那些物质：多巴胺、去甲肾上腺素和催产素。**多巴胺**让你感到幸福；**去甲肾上腺素**让你的心跳得像要跳出嗓子眼儿，也会让你的脸红得像个番茄；而**催产素**的作用是让人产生依恋之情，让你喜欢上一个人。

## 🔍 趣闻

根据科学研究，爱上一个人根本都用不了一秒钟。就在这短短的一瞬间，一见钟情的大脑就释放出了上边所说的这些化学物质。

## 狗狗还是猫猫？

你有没有问过自己，你的狗和你的猫谁更喜欢你？有一群科学家做了一个试验，想要回答这个问题。他们首先测量了一些猫和狗体内的催产素水平，然后让它们和自己的主人玩 10 分钟，接着再测一下。结果，催产素在猫身上的含量只增加了 12%，而在狗身上却增加了 57%。这个试验很好地证明了狗狗真的很爱它们的主人，至少比猫们爱得要深。

# 春天如何影响动物们？

春天来了，冬眠的动物们伸伸懒腰，走出巢穴，成群的动物重新集群，许多动物开始换皮、换毛或者换羽毛。因为植物开始变绿、发芽，食草动物有了更多的食物，吸引更多的食草动物出来找食物，食肉动物于是也有了更多的食物……大家都有了更多的食物！

吃饱喝足了，很多动物就要开始繁殖了。雌性和雄性成双结对，去找一个地方生下它们的宝宝。尽管不同的动物怀孕或者孵化的时间都不同，但许多动物都会选择春天来怀孕或者下蛋，这样可以保证宝宝出生的时候有一个温暖舒适的好天气。

# 你和谁住在一起？

许多动物聚集成群来捕猎、吃东西、防卫、生宝宝以及照顾它们的后代。有些动物只在一年中特定时期聚集在一起，而有些动物则一辈子都群居在一起。

# 动物也会相爱吗？

灰狼会组成相当稳固的伴侣关系，而座头鲸繁殖完后代就分开了。动物王国里什么样的夫妻都有：有的会相伴相当长的时间，有的也就是一次或者一小段时间的事。很难说它们是否相爱，不过它们确实会相互选择。这又是怎么做到的呢？在大部分情况下，雌性做出选择，而雄性要想办法讨雌性的欢心。通过一套称为**"求偶"**的仪式，雄性要向雌性证明自己才是最理想的伴侣，因为它更大、更强壮、更敏捷，是更好的猎手……雌性虽然对自己的选择说不出道理，但是这些属性确实是非常重要的，因为它们会被遗传给后代，让它们也更大、更强壮、更敏捷，也成为更好的猎手。不同物种的雌性，会具体看重某种特定的属性。

　　动物的求偶仪式花样繁多。比如孔雀，会把它绚丽非凡的尾巴像扇子一样展开，座头鲸会发出奇妙的"鲸之歌"，红顶娇鹟可以惟妙惟肖地表演迈克尔·杰克逊的太空步。

# 你吃了吗？

　　黑寡妇蜘蛛是一种在"爱情"方面非常独特的动物，因为雌性会在交配之后把雄性吃掉。雄蜘蛛当然也不想死，它会尽量选择一只吃饱了的雌性。那它怎么知道谁吃饱了呢？它能够闻到吃饱了的雌性释放出来的费洛蒙气味。

## 🔍 趣闻

　　我们人类在动物界最近的亲戚黑猩猩和倭黑猩猩会在打斗之后拥抱和亲吻，以此来表示和解。

# 为什么鸟儿在春天叫得那么起劲？

**和**其他动物一样，鸟类也在春天寻找配偶，因为这样当小鸟从蛋里孵出来的时候，天气就会很暖和，食物也会很丰富，足够养活一大家子。

所以，一到春天，小鸟就叽叽喳喳地叫个不停，想要赢得一个美丽的伴侣。为什么它们喜欢在日出的时候唱歌呢？虽然这样吵得你睡不成懒觉，但它们唱歌可不是为了叫你起床……对此科学家有不同的解释。有一种解释是，鸟儿唱歌是一种需要很多时间和精力的事情，因此，能够在一大早起来还没吃饭的时候高声歌唱，说明这是一只健康的鸟，这能够在雌鸟面前留下好印象。另外，充满能量的歌声也能警告其他竞争者，这只雄性非常强壮，有能力保护自己的领地。还有一种解释是，清早起来光线比较弱，并不适宜外出寻找食物，还不如利用这段时间来唱歌，寻找伴侣。

因为早起唱歌的鸟儿太多了，每一只都必须努力让自己的歌声脱颖而出、与众不同。所以它们就得使劲地叫、不停地叫……

## 🔍 趣闻

亚马孙地区有一种鸟叫歌鸫鹩，它的歌声旋律中有一部分听起来和巴赫的一首赋格曲很像，和海顿的第 103 号交响曲片段也很像。这两位音乐大师是不是听了它的叫声之后产生了灵感呢？

## 为什么鸟叫得那么早?

大城市里噪音太强了，鸟儿必须使劲提高音量才能互相交流。极端的情况就是住在机场附近的鸟了：因为它们无论如何也盖不过飞机的声音，所以干脆躲开繁忙的空中交通，在天亮之前就开始叫了。

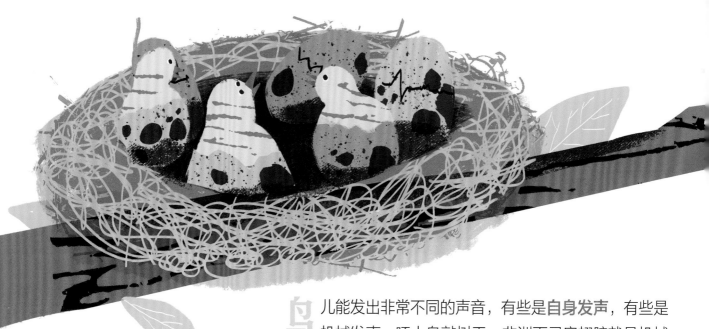

# 鸟儿唱歌
# 仅仅是为了
# 找配偶吗？

鸟儿能发出非常不同的声音，有些是**自身发声**，有些是机械发声。啄木鸟敲树干、非洲百灵扇翅膀就是机械式的发声。而各种啼鸣歌唱就是自身发声，长短和旋律也各有不同。每种鸟都有自己独特的叫声。有一些鸟，比如朱顶雀、金丝雀和鹦鹉，它们小时候要学习唱歌，越长大唱得越好。另一些鸟的歌唱能力是基因遗传的，在蛋里就注定了它们知道怎样唱歌。

黑夜里视力很差的候鸟经常在夜间飞行的时候鸣叫，这样它们就不会被大部队丢下。也有的叫声用来警告即将发生的危险。小鸟用叫声来向爸爸妈妈要食物也是很普遍的。日本鹌鹑的雏鸟甚至在蛋里就会发出叫声，互相商量好一起出壳。呼唤或者啼叫、敲打或者振翅、婉转或者刺耳、简单或者复杂、短促或者冗长，鸟儿用各种各样的歌声来和同类交流。

## 同一种类的鸟叫声也一样吗？

即使是同一种类的鸟，叫声也有变化，这种变化我们称它为鸟的**"方言"**。它和人类的方言很像，两个人说的是一种语言，但说的方式却有不同。

### ◉ 趣闻

成年白鹳基本上是个哑巴，它们用"咯哒"声相互交流。这是一种非常独特的机械发声，是它们的上下喙相互快速碰撞发出来的。

# 春天为什么
# 有那么多雷暴？

**天** 气变热，又有很多湿气的时候，地表上方的空气就会变热、变轻，然后带着水蒸气一起上升。在上升的过程中，空气冷却，水蒸气凝结甚至冰冻，这就形成了成千上万的小水滴和冰晶飘浮在空中。这是什么呢？就是暴雨云呀！在云中，水滴和冰晶到处移动，互相摩擦碰撞，这样就在云层中积聚起了很多电荷。这时，电荷找到了一条通道可以让它们向大地释放，于是闪电从天而降！

雷暴是春天气候中最迷人的现象之一，特别是在潮湿的地区。因为在这个季节，有两个非常重要的因素结合在了一起：环境中的高湿度和热空气的快速上升。

## 雷是怎么形成的?

闪电带着非常高的能量冲向地面,迅速加热了周围的空气。由于突然被加热,空气急剧膨胀,发出冲击波,于是产生了轰隆隆的雷声。

### 趣闻

闪电的温度非常高。如果它击中一座沙丘,会瞬间融化沙粒,形成闪电熔岩——一种形状奇特的石英玻璃。

45

# 为什么春天是龙卷风的季节？

有些时候，特别是春天，热空气的上升会引发一股干冷气流的下降。如果上升气流和下降气流的温度差异足够大，就会形成空气漩涡。如果再加上风，也就是水平移动的空气，空气漩涡就会变成一条一边旋转一边前进的空气管道。如果上升的空气还形成了雷雨云，空气管道就会向上倾斜，在云中形成漩涡。这就是龙卷风！

龙卷风不是总能被看见（因此也很难被探测到），但如果空气漩涡中的水蒸气凝结，龙卷风就可见了。此外，在它所经之处，会卷起很多尘土、瓦砾和树叶，呈现为棕色或者深灰色。

# 到处都有龙卷风吗？

世界上每 4 个龙卷风就有 3 个是在美国生成的，而且几乎都是在阿巴拉契亚山脉和洛基山脉之间的广大平原上生成。所以这片地区也被叫作"龙卷风走廊"。它主要包括美国的内布拉斯加州、南达科他州、德克萨斯州和堪萨斯州。德克萨斯州是有龙卷风记录最多的州，也是因龙卷风死亡人数最多的州。

## 趣闻

龙卷风可以把地上的杂物带到很远的地方去。1915 年，一场龙卷风袭击了堪萨斯州的湿地教育中心。后来发现城里的一袋面粉飞了 177 公里远，而在 491 公里以外的地方找到了一张当地银行的支票！

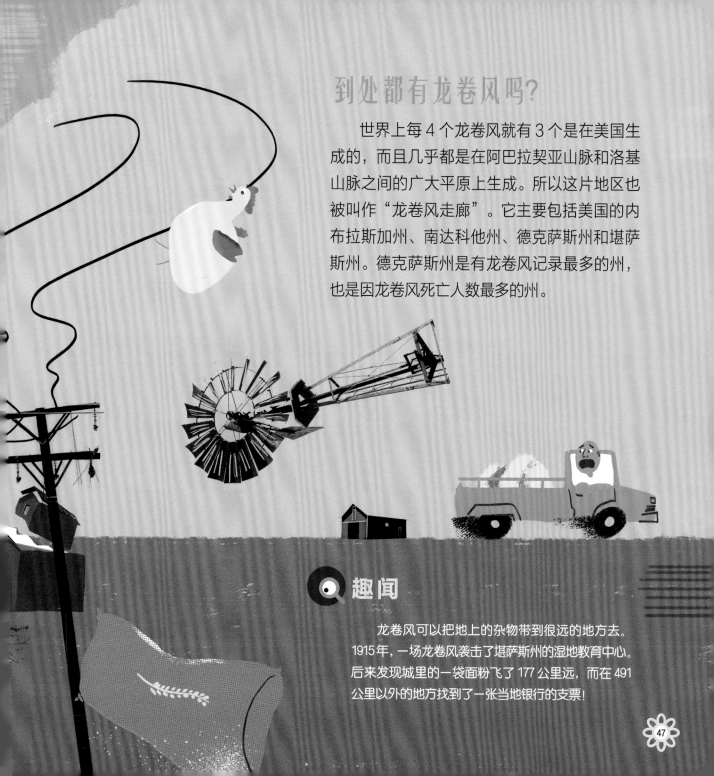

47

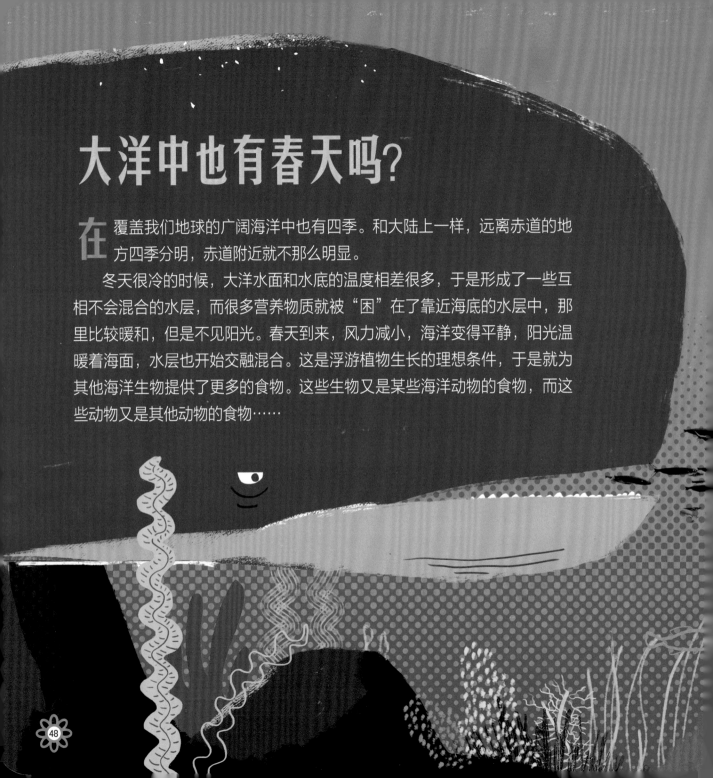

# 大洋中也有春天吗？

**在** 覆盖我们地球的广阔海洋中也有四季。和大陆上一样，远离赤道的地方四季分明，赤道附近就不那么明显。

　　冬天很冷的时候，大洋水面和水底的温度相差很多，于是形成了一些互相不会混合的水层，而很多营养物质就被"困"在了靠近海底的水层中，那里比较暖和，但是不见阳光。春天到来，风力减小，海洋变得平静，阳光温暖着海面，水层也开始交融混合。这是浮游植物生长的理想条件，于是就为其他海洋生物提供了更多的食物。这些生物又是某些海洋动物的食物，而这些动物又是其他动物的食物……

# 海洋的四季什么时候到来?

　　水变热或者变冷都比陆地（以及空气）慢很多，因此感知到温度的变化也需要更长的时间。所以虽然海洋上也有四季，但是会比陆地上的四季推后一段时间。

 趣闻

　　有的时候，某些地区的浮游植物长得太多了，海水都被染成绿色、红色或者黄色！这种微型藻类的过量繁殖会释放出毒素，积聚在软体动物和鱼类身体里，人吃了这些食物就会生病。这种现象被称作赤潮。大海变了颜色，看上去非常酷，但实际上真的很危险。

# 好热呀!

**春**天渐渐过去,天气变得越来越热了,该去享受美味的冰激凌和痛快地冲凉了,也别忘了防晒霜和驱蚊水。在新的季节里,美妙的科学等着你去发现!**回头见!**

## 谁写了这本书?

**瓦莱里娅** 1982 年出生于阿根廷的布宜诺斯艾利斯。至今她还清楚地记得,在学校里庆祝春节的表演中,她化装成了一个小水滴,然后又和朋友们去参加了一个特别棒的野餐。

她是布宜诺斯艾利斯大学的化学博士和阿根廷国家科技研究理事会的研究员,她还是好多本科普读物的作者以及多家媒体的专栏作家。

她和她的丈夫胡利安、两个孩子——汤米和苏菲,以及小狗"大肚皮"一起住在布宜诺斯艾利斯。她喜欢春天,因为早上起来就可以听到鸟儿的歌唱,去上班等公交车的时候也可以看到蚂蚁排着整齐的队伍搬运食物。

# 谁画的插图?

哈维尔 1984 年出生于布宜诺斯艾利斯一个寒冷的冬日。他是一名插画师、平面设计师以及布宜诺斯艾利斯大学的设计学教授。而且,他还是一个对一大堆东西都过敏的人。每天早上醒来的时候他都会狂打一大串响亮的喷嚏,这让他一下子就清醒过来了,比喝一杯咖啡都管用。

哈维尔喜欢花很长时间在城里散步,因此每个冬天他都热切盼望着春天的到来,那样他就可以享受更长的白天、更舒适的气温,以及百花开放的风景。不过,散步的时候他得避开街上到处都是的法国梧桐,因为这种树会让他眼睛过敏,感到刺痛。

# 谁译的这本书?

涂小玲 毕业于南京大学西班牙语专业,同年进入中国国际广播电台西班牙语部工作,任中央广播电视总台中国国际广播电台西班牙语副译审,近二十年一直工作在翻译、编辑、记者、播音业务工作一线,策划和主持的节目多次获得中国国际广播新闻奖。

她是一个小男孩的妈妈,平时喜欢陪孩子一起读书,去各地旅行,观察自然,希望给小朋友们翻译更多精彩有趣的童书。